Armand de Quatrefages

Physique générale du globe

Science

ISBN : 978-1984324245

10 9 8 7 6 5 4 3 2 1

Armand de Quatrefages

Physique générale du globe

Science

Table de Matières

Section I	6
Section II	18
Section III	28
Section IV	43

Section I

De toutes les sciences dont l'esprit humain s'est efforcé de sonder les mystères, il n'en est aucune peut-être qui ait fait naître plus de théories que la physique générale, cette grande branche de nos connaissances, dont toutes les autres semblent n'être que des rameaux secondaires. La nature de la matière des lois de sa distribution, et par suite la formation des mondes, l'origine de notre globe et des êtres qui le peuplent, tels sont les problèmes agités par les philosophes de tous les temps. Pour les résoudre, ils n'avaient pas choisi la voix lente pénible des expériences, des études approfondies ; entraînés par des habitudes spéculatives, rebutés par des difficultés dont il nous est impossible d'apprécier aujourd'hui toute l'étendue, c'était par des *à priori* qu'ils voulaient arriver au but. On sait tout ce qu'eurent d'absurde la plupart de leurs conceptions, on sait à quels échafaudages de bizarres hypothèses aboutirent les méditations des plus beaux génies de l'antiquité, comme si, écrasés par l'immensité de la tâche, l'esprit le plus droit, l'intelligence la plus ferme, n'eussent pu éviter de succomber.

Au milieu des rêveries, seul héritage à peu près que les siècles passés nous aient légué sur ce sujet, on rencontre pourtant quelques idées vraiment philosophiques ; telle est la croyance au petit nombre des éléments que nous trouvons établie dès la plus haute antiquité. Thalès et Héraclite n'admettent qu'une seule matière élémentaire que le premier voit dans l'eau, le second dans le feu. Anaximandre et son école proclament cette doctrine des quatre éléments qui est arrivée jusque nous ; et si Zénon, Chrysippe, Platon et Aristote en ajoutent un cinquième, celui-ci est l'éther, feu primitif, fluide incorruptible et divin, bien distinct des principes matériels qu'il semble destiné à mettre en jeu. A une époque plus rapprochée, Descartes réduisit à trois le nombre des éléments qu'il regardait comme résultant de la poussière produite par le frottement des particules primitives. Mais l'ancienne doctrine prévalut généralement : nous la voyons se propager dans nos écoles jusque vers la fin du siècle passé, et peut-être retrouverait-on encore dans plus d'un cabinet de physique la fiole mystique des quatre éléments.

Héritiers des philosophes grecs, dominés par l'autorité de leurs noms, les physiciens devaient marcher longtemps dans la voie tracée par leurs célèbres devanciers. Platon ou Aristote à la main, ils ergotaient sur l'essence de la matière, sur son étendue, sa divisibilité finie ou infinie, sur ses atomes ronds, carrés ou crochus, sur le plein et sur le vide. Tandis que les écoles retentissaient du bruit de ces vaines disputes, une science nouvelle se formait à côté d'elles, et marchait lentement, mais sûrement, à la conquête de l'avenir. A la chimie était réservé l'honneur de soulever, de déchirer peut-être un jour tous les voiles qui nous cachent ces hautes vérités. Née au chevet des malades et dans les ateliers de l'industrie, elle ne pouvait se laisser entraîner à ces jeux de l'esprit qui avaient conduit les *éléates* à regarder l'univers comme un bloc immuable, à nier d'une manière absolue le témoignage des sens, et à traiter d'illusions tout ce qu'ils nous apprennent sur le mouvement, sur les phénomènes de tout genre qui se passent autour de nous. Dès son début, elle proclame la nécessité de l'observation, l'autorité de l'expérience, et ses adeptes demeurent constamment fidèles à ces grands principes. Jusque dans leurs écarts les plus excentriques, au milieu des rêveries alchimiques, nous les voyons occupés à manipuler, à tourmenter en tout sens la matière, pour lui arracher ses secrets, et, alors même où ils annoncent les résultats les plus chimériques, c'est encore aux faits, à l'expérience qu'ils en appellent.

Les premiers âges de la chimie nous sont entièrement inconnus. On ne peut former que de vagues conjectures sur ce qu'a pu être cette science chez les peuples dont l'antique civilisation nous étonne encore par ses gigantesques monuments, par une perfection que nous ne pouvons souvent dépasser dans les produits industriels. Il faut arriver jusqu'au VIIIe siècle pour sortir à cet égard du champ des hypothèses. A cette époque, nous trouvons en Espagne un Arabe, Gëber, qui nous lègue le premier traité de chimie connu. Dans cet ouvrage, à côté de détails et de faits exposés avec une clarté et une précision qu'on pourrait avouer de nos jours, se trouvent des allégories mystiques et inexplicables, relatives à la médecine universelle et à la pierre philosophale. Ainsi un roi prêt à monter à cheval, boit une telle quantité de l'eau *qu'il aime et dont il est aimé*, qu'il est au moment d'expirer. Les médecins égyptiens achèvent de le tuer en le plaçant dans une étuve, après l'avoir coupé en petits morceaux et pilé dans un mortier pour le guérir, mais les médecins alexandrins le ressuscitent en le pilant de nouveau avec certaines substances, et faisant fondre le mélange sous un brasier ardent dans une chambre en forme de croix.

Dès ce moment, nous voyons se manifester une double tendance au milieu du ramassis indigeste de recettes qui constitue cette chimie primitive. La médecine et l'alchimie se partagent cette science encore au berceau. Les successeurs de Geber, tels que Rhazès, Avicennes, Averroës, lui conservent ce caractère. Sous leur influence se forme cette doctrine physiologique et médicale connue sous le nom de médecine des Arabes, dont l'astrologie et surtout la chimie sont les principaux éléments, et qui, réunie aux traditions plus sages de Galien, jette un si vif éclat dans les écoles de Séville, de Cordoue et de Grenade, alors que le reste de l'Europe est plongé dans la barbarie.

La destruction des dynasties arabes en Espagne, les longues guerres des croisades, amenèrent la diffusion de ces connaissances, confinées d'abord au-delà des Pyrénées. Au XIIIe siècle, Roger Bacon en Angleterre, Albert de Bollstadt, dit le grand Albert, en Allemagne, surent unir des notions scientifiques réelles aux rêveries alchimiques de leur époque. La France ne demeura pas longtemps en arrière : Arnault de Villeneuve, professeur de médecine à Montpellier, et Raymond Lulle, son disciple, firent faire de véritables progrès à la partie expérimentale de la chimie. Les procédés de distillation furent perfectionnés et vulgarisés ; les essences, l'eau-de-vie, l'alcool, furent découverts ou mieux étudiés. Mais l'élément alchimique est bien loin de perdre du terrain. La panacée universelle la pierre philosophale, entrent toujours pour beaucoup dans les écrits de ce temps, et chaque auteur, pour ainsi dire, donne sa recette particulière en termes également inintelligibles. Pour faire l'élixir des sages, il faut prendre le mercure des philosophes, le transformer successivement par la calcination en lion vert et en lion rouge, le faire digérer au bain de sable avec l'esprit aigre des raisins, et distiller le produit. Les ombres cymmériennes couvriront la cucurbite de leur voile sombre, et l'on trouvera dans son intérieur un dragon noir qui mange-sa-queue, etc., etc. des superstitions de tout genre, la magie, l'évocation des démons, se joignent à des pratiques superstitieuses, et l'alchimiste, avant de se mettre à l'œuvre, entonne avec recueillement l'hymne sacré d'Hermès Trismégiste.

Cette période de la chimie s'étend jusqu'au milieu du XVIe siècle, et semble se résumer tout entière en la personne de Paracelse, prophète inspiré, disait-il, par les anges ses frères, dont la vie devait être éternelle grâce à *l'élixir des quintessences*, et qui mourut dans un cabaret, à l'âge de quarante-huit ans, des suites d'une orgie ; homme d'ailleurs extraordinaire, qui malgré sa conduite extravagante et dissolue, eut sur son époque une influence incontestable. En dépit de ses erreurs et des absurdités dont il remplit ses nombreux ouvrages, Paracelse rendit de grands services à la chimie. Le premier, il professa publiquement cette science dans la ville de Bâle, popularisa des idées renfermées jusqu'à lui dans le secret de quelques laboratoires, et donna ainsi une impulsion puissante à ces études. Ses nombreux disciples se divisèrent bientôt en trois catégories distinctes. Les uns s'approprièrent ce que la vieille alchimie avait de réellement scientifique, et peuvent être regardés comme les fondateurs de la chimie moderne ; quelques autres se livrèrent exclusivement aux applications médicales ; un grand nombre, fidèles aux anciennes croyances, persistèrent à courir après la pierre philosophale et le remède universel, mais ces derniers disparurent bientôt de la scène du monde, et leurs travaux aussi bien que leurs noms sont à peine connus de nos jours.

Il n'en fut pas de même des deux autres branches sorties de ce vieux tronc. La *chémiatrie* ou médecine chimique avait de profondes racines dans le passé de la science : elle eut d'abord un succès prodigieux, et régna sans rivale sur presque toute l'Europe. Deux hommes contribuèrent surtout à sa propagation : Van-Helmont, un des plus grands génies de la médecine, qui fit cadrer tant bien que mal la théorie des ferments avec sa doctrine des *arché* ou esprits vitaux ; puis Sylvius, professeur à Leyde, qui déploya un talent et des connaissances remarquables pour ramener tous les phénomènes de la vie à de simples actions chimiques. Pour lui, les parties solides de l'homme et des animaux ne font, pour ainsi dire, pas partie de l'être vivant : ce ne sont que des vases destinés à renfermer les liquides. Le corps n'est plus qu'un laboratoire ordinaire, où tout se passe comme dans les cornues et les alambics du chimiste. La digestion n'est qu'une fermentation, et le *chyle* qui en résulte est *l'esprit volatil* des aliments. La préparation des esprits vitaux dans l'encéphale est une simple distillation, et ces esprits ressemblent beaucoup à l'alcool. Les mouvements du sang sont produits par l'effervescence du *sel volatil huileux* de la bile et de *l'acide dulcifié* de la lymphe ; cette effervescence se passe dans le cœur et développe la chaleur vitale qui atténue le sang et le rend propre à circuler, etc… La thérapeutique de Sylvius était parfaitement d'accord avec cette physiologie. Pour lui, l'art de guérir se réduisait à neutraliser *l'âcreté* acide ou alcaline, cause unique de toutes les maladies. L'université de Paris, Riolan à sa tête, combattit à outrance ces doctrines absurdes, et parvint à garantir presque toute la France d'un envahissement qui menaçait de devenir général.

A côté des deux classes précédentes se trouvent les véritables chimistes, qui, écartant toute hypothèse et toute application prématurée, en appellent sans cesse à l'expérience et recueillent lentement le matériaux de l'édifice futur. On peut citer parmi eux Cassius, Libavius, Glauber, qui ont donné leurs noms à diverses substances pour les avoir découvertes ; Agricola, auteur d'un ouvrage remarquable sur l'extraction des métaux et la métallurgie ; Bernard Palissy, dont les *rustiques figulines* ornèrent la table des rois, et sont encore aujourd'hui recherchées avec tant de soin par ! es curieux. En lisant les écrits de ces vrais savants, on est frappé du contraste qu'ils présentent avec ceux de leurs prédécesseurs. La simplicité, la clarté, remplacent le mysticisme et l'obscurité ; tout prend un aspect positif qui repose l'esprit fatigué des allégories alchimiques, et, si la science ne se coordonne pas encore, on sent qu'elle est sur la voie qui doit la conduire à cette nouvelle phase.

En 1651, la Toscane voit naître dans son sein la célèbre académie del Cimento ; en 1662, la Société royale de Londres est formée ; quatre ans après, en 1666, l'Académie royale des sciences de Paris est instituée. Ces corps savants se placent à la tête du mouvement intellectuel et lui impriment une impulsion nouvelle en devenant centres d'action. A peu près à la même époque, la chimie est dotée en France d'un enseignement public. Une chaire est créée au Jardin des Plantes et confiée à Nicolas Lefèvre, homme à qui il n'a manqué peut-être qu'un peu d'activité pratique pour faire franchir à la science qu'il professait les plus grandes difficultés qui entravèrent longtemps sa marche. Son *Traité de Chimie raisonnée* renferme des idées générales vraiment remarquables, et dans ce qu'il dit de *l'esprit universel*, des résultats que présente la calcination des métaux, on peut trouver en germe tous les éléments de la science moderne. Mais les temps n'étaient pas encore arrivés, et ces théories ne purent encore porter de fruits.

Après Nicolas Lefèvre, homme qui brille surtout par l'imagination, nous trouvons Lemery, dont l'esprit positif et expérimentateur enrichit la chimie d'une multitude de faits bien observés, de procédés simples et faciles, tandis que son enseignement clair et précis achevait de débarrasser la science de ce langage énigmatique, dernier reste de l'ancienne alchimie. En même temps qu'il poursuivait à Paris cette œuvre de vulgarisateur aux applaudissements d'une foule innombrable qui se pressait autour de sa chaire, Homberg, gentilhomme allemand, parcourait toute l'Europe, visitait les chimistes les plus célèbres, achetait leurs secrets, leurs procédés, les imprimait au fur et à mesure, et mettait à les livrer au public le même soin que d'autres employaient à les cacher. On voit qu'une ère nouvelle se préparait pour la chimie ; cette science, jusqu'à ce jour réservée pour un petit nombre d'adeptes, allait devenir populaire, et ses progrès devaient s'en ressentir.

Jusqu'à l'époque qui nous occupe, les chimistes, quelque éloignés qu'ils fussent des physiciens et par la nature de leurs recherches et par leur manière de procéder, avaient eu cependant avec eux un point de contact remarquable. Tous n'admettaient qu'un nombre fort restreint de principes élémentaires. L'école arabe, fondée par Geber, ne reconnaît comme tels que le soufre, le mercure et l'arsenic. Roger Bacon, le grand Albert, paraissent avoir adopté cette manière de voir et l'ont transmise à leurs successeurs. Quelques alchimistes semblent admettre un quatrième élément, *la quintessence* de Raymond Lulle. Paracelse reconnaît comme principes des corps les quatre éléments des physiciens, mais il y joint *l'élément prédestiné*, résultant de l'union des quatre *éléments élémentaires* sous leur forme la plus parfaite, et de plus le sel, le soufre et le mercure. Nicolas Lefèvre repousse les éléments des philosophes grecs et leur substitue le *phlegme* ou l'eau, *l'esprit* ou le mercure, *l'huile* ou le soufre, le sel et la terre. Vers le milieu du

XVIIe siècle, Becher, chimiste allemand, porte les premiers coups à cette antique tradition du petit nombre des éléments. Dans sa *Physica subterranea*, il en admet bien trois, la terre *vitrifiable*, la terre *inflammable* et la terre *mercurielle* ; mais chacun d'eux ne représente plus une matière unique et toujours identique : ce ne sont plus des éléments dans le sens propre du mot. En même temps, il établit le premier qu'il existe des corps composés et des corps simples ou indécomposables dont le nombre d'est point fixé. Cette idée toute nouvelle nous paraît à elle seule être une véritable révolution et renfermer le germe de toute la théorie de Stahl.

A ce dernier appartient la gloire d'avoir enfin réuni cri un faisceau toutes les notions jusque-là éparses, de les avoir rattachées les unes aux autres par un lien commun, d'avoir fait de la chimie un véritable corps de doctrines. Sa théorie est fort simple. Stahl rejette les éléments scolastiques ; il admet des corps simples et des corps composés. Tous les métaux rentrent pour lui dans cette dernière catégorie. Leurs terres, ce que nous appelons 'aujourd'hui leurs oxides, sont au contraire des éléments. Pour passer de l'état terreux à l'état métallique, les métaux absorbent un agent universel, désigné sous le nom de *phlogistique*. Cette théorie a suffi, pendant près d'un siècle, à l'explication de tous les phénomènes chimiques connus ; elle a provoqué et facilité de nombreux travaux, et pourtant elle péchait par la base : si les terres, pour arriver à l'état de métal, absorbent un corps quelconque, il est évident qu'elles doivent augmenter de poids or, c'est le contraire qui arrive. Stahl, malgré tout son génie, n'avait pu échapper à l'influence de la tradition. Il ne voyait dans un corps que sa forme et ses propriétés physiques ; il ne tenait aucun compte de la pesanteur, et là se trouve la source de toutes ses erreurs. Mais cette doctrine suffisait aux besoins présents ; aussi se répandit-elle rapidement, grâce aux leçons orales et aux écrits de son inventeur. Le style de ce dernier n'est pourtant pas attrayant ; un mélange bizarre de mots allemands et latins le rend souvent presque inintelligible. On peut en juger par cette courte phrase empruntée à son principal traité de chimie. « *Sonsten ist aus. den angefulrten* alterationibus metallorum *zu notiren dass in den* metallis imperfectis *dreyerley* substantia *vorhanden sey.* (D'ailleurs, d'après les altérations des métaux que nous venons de citer, il est à remarquer qu'il y a dans les métaux imparfaits trois sortes de substances. »

La théorie du phlogistique régna sans partage sur tout le monde savant Jusque vers le dernier tiers du XVIIIe siècle. Grace à la vigoureuse impulsion que lui dut la chimie, de nombreuses et brillantes découvertes signalent cette période. Nous ne pouvons en donner ici les détails, mais il est impossible de passer entièrement sous silence les travaux de Scheele et de Priestley, qui tous deux défendirent jusqu'à leur mort les doctrines de Stahl, tandis que chacune de leurs admirables découvertes était un nouveau coup porté à leur idole. Le premier, pharmacien modeste, relégué volontairement dans un village de la Suède, peut être cité comme un modèle dans l'art des expériences. On lui doit la connaissance d'un grand nombre de corps simples ou composés, entre autres celle du chlore, dont l'industrie et la médecine ont lait depuis un si grand usage, et celle de l'acide prussique, substance terrible qui réalise tout ce que les anciens nous ont transmis sur les plus violents poisons préparés par Locuste. Le second, né en Angleterre, théologien fougueux et intolérant, consuma la plus grande partie de sa vie dans des querelles religieuses qui le forcèrent à s'expatrier. Ce m'est pour ainsi dire qu'à ses moments perdus qu'il s'occupa de chimie, et ses travaux n'en ont pas moins une haute importance. Avant lui on ne connaissait que deux gaz, l'hydrogène et l'acide carbonique ; il en découvrit neuf, et parmi eux se trouve l'oxygène, qu'il appelait *air vital*, dont il apprécia assez bien le rôle essentiel. Scheele et Priestley étudièrent tous deux à peu près en même temps la composition de l'air. L'un et l'autre reconnurent qu'il était formé de deux principes, dont un seul, *l'air vital*, entretenait la respiration et la combustion. comment se fait-il qu'ils ne soient pas devenus les chefs de la grande révolution qui se préparait ? C'est qu'il leur a manqué, comme à Stahl, de compter pour quelque chose le poids des corps, de renoncer à ce culte absolu de la forme qui pesait depuis tant de siècles sur la chimie. En science, toute modification profonde a son origine dans un mode nouveau d'observation ou d'expérimentation.

Tandis que Scheele, en Suède, et Priestley, en Angleterre, persévéraient dans la voie ouverte par le génie de Stahl, la France voyait s'élever dans son sein un de ces hommes dont une nation, dont le genre humain tout entier ont le droit de s'enorgueillir. Dès

1770, Lavoisier fait paraître son premier mémoire, et dans ce début d'un jeune homme de vingt-huit ans se révèle déjà une de ces idées qui remplissent toute une vie et changent la face d'une science. Il s'agit de savoir si, comme on l'a cru, l'eau jouit de la propriété de se changer en terre. Pour décider la question, Lavoisier ne se fie pas au témoignage de ses yeux. Il a recours à un instrument jusque-là négligé, à la balance. La notion de *poids* entre pour la première fois dans les considérations d'un chimiste. Par quelle filière de raisonnements, Lavoisier a-t-il été conduit à employer ce nouveau réactif, si l'on peut s'exprimer ainsi ? Nous l'ignorons ; mais dès ce premier essai, comme dans tous les travaux de ce grand homme, on retrouve cette pensée ; fondement de la chimie moderne : — Rien ne se perd, rien ne se crée dans la nature. Chaque changement d'état d'un corps tient à l'addition ou à la soustraction de quelqu'un de ses éléments. — Pendant treize ans, Lavoisier travaille, toujours guidé, dans le labyrinthe des expériences, par ce fil qu'il a saisi d'une main ferme. Aussi, tandis que Scheele et Priestley s'égarent d'autant plus que les résultats s'accumulent davantage autour d'eux, tandis qu'ils déclarent hautement que plus ils avancent dans la science, moins ils en comprennent les lois, nous voyons au contraire le chaos se dissiper devant cet émule qui sera bientôt leur vainqueur, les faits s'enchaîner et prendre place naturellement dans un cadre préparé d'avance ; et lorsqu'enfin, sûr de lui-même, Lavoisier se décide, en 1783, à attaquer en face la doctrine du phlogistique, un seul mémoire lui suffit pour l'anéantir à jamais.

Ce serait un magnifique tableau à dérouler que cet ensemble de recherches de toute espèce entreprises par Lavoisier, que cette série de travaux sans cesse dominés par l'idée mère et fondamentale. C'est avec un intérêt puissant : qu'on voit ce génie, éminemment créateur, aux prises avec une théorie dont il sent toute l'insuffisance, ramasser un à un tous ses matériaux, et ne porter la hache sur l'ancien édifice que lorsqu'il est certain de pouvoir le remplacer par un nouveau monument. Ses mémoires portent tous ce double caractère ; il ne suffit pas de détruire, il faut encore édifier, et, pour cela, il est nécessaire d'aller toujours au fond des choses. Priestley avait découvert l'oxygène dans l'air ; Lavoisier analyse ce dernier, isole ses deux principes, les étudie séparément, puis, en les mélangeant, il reproduit l'air atmosphérique. Cavendish avait soupçonné que l'eau était un composé ; Lavoisier sépare les deux gaz qui lui donnent naissance, et reproduit ensuite de toutes pièces ce corps, de tout temps réputé élémentaire. Enfin il ne se contente pas d'opposer aux défenseurs du phlogistique le fait déjà connu de l'augmentation du poids des métaux dans la calcination, il ajoute que cette augmentation tient à la combinaison du métal avec un des principes de l'air, *l'oxygène* ; il prouve qu'on peut reproduire ce dernier sous sa forme primitive, et que son poids représente exactement ce que le métal avait gagné par son union avec lui. Il détruit ainsi d'un seul coup toute la théorie de Stahl. Sans doute, ses adversaires ne cédèrent pas au premier choc : une erreur qui règne en vertu du droit de la vieille barbe, comme dit Mallebranche, ne se laisse pas facilement extirper ; mais le génie sortit victorieux de la lutte qu'il avait engagée contre l'erreur, et, à l'époque où commençaient les gigantesques mouvements politiques du dernier siècle, Lavoisier mettait la dernière main à la plus grande, à la plus complète des révolutions que la science ait consignée dans ses annales.

Nous ne dirons rien des travaux de Lavoisier sur la physique proprement dite, ce serait s'écarter trop loin de notre sujet ; mais nous devons indiquer ses recherches sur la chaleur. Il reconnut qu'un corps, en absorbant du calorique, n'augmente pas de poids, et caractérisa ce fluide par l'épithète d'*impondérable*, qui s'applique à quelques autres encore. Il distingua le calorique *libre* ou *sensible*, dont le thermomètre nous révèle la présence, du calorique *combiné* ou *latent*, qui sert à changer l'état des corps, à transformer, par exemple, la glace en eau liquide ou en vapeur. Les gaz sont pour lui des vapeurs permanentes, les solides sont des liquides qui ont perdu leur calorique latent. Si la température de notre globe s'abaissait au-dessous de zéro, toute l'eau qui se trouve à sa surface se changerait en roches de glaces ; si la diminution de chaleur atteignait certaines limites, notre atmosphère elle-même se liquéfierait ou se solidifierait en tout ou en partie. On sait que l'expérience est venue confirmer ces magnifiques prévisions ; ainsi, entre les mains de Lavoisier, la chimie, toujours appuyée sur les faits, ose aborder pour la première fois la physique générale du globe.

On comprend que l'étude des phénomènes vitaux ne pouvait

échapper à Lavoisier. La négliger aurait été mentir en quelque sorte à l'instinct de la chimie. Là comme partout, il apporta la même sagacité dans l'appréciation des faits, la même hardiesse de vues. L'homme, les animaux, expirent continuellement de l'eau et de l'acide carbonique ; en même temps l'oxygène de l'air respiré disparaît. Il y a donc combinaison de ce principe avec l'hydrogène, avec le carbone du sang. La respiration est une véritable combustion dont le poumon est le foyer, et la chaleur animale n'a pas d'autre source. Ce qu'il y avait d'évidemment erroné dans cette manière de voir, la localisation du phénomène dans le poumon, n'eût certainement pas échappé aux recherches que l'auteur de cette théorie annonçait devoir entreprendre sur ces applications élevées ; mais on sait comment cette vie, déjà si pleine, fut tranchée dans toute sa vigueur, on sait quel coup de foudre vint briser les ailes de l'aigle qui s'était élevé si haut, qui semblait ne prendre haleine un instant que pour atteindre plus haut encore. Le 8 mai 1794, Lavoisier monta sur cet échafaud qui dévora tant d'illustres victimes au nom de la liberté, et son ingrate patrie, oublieuse d'une des plus grandes, d'une des plus pures gloires nationales, n'a encore placé son buste sur aucune de ces places publiques où se pavanent les statues de tant d'hommes à peine connus.

Du moins, dans ces vingt-trois ans de travaux incessants, Lavoisier avait assuré l'avenir de la chimie. Son héritage fut noblement recueilli. Cinquante ans sont à peine écoulés depuis sa mort, et cette science, naguère dans l'enfance, s'est placée, on peut le dire, au premier rang. L'histoire des progrès accomplis dans cette courte période est quelque chose de merveilleux chaque instant, on voit la chimie agrandir et étendre son domaine. Ses adeptes ne se comptent plus, et à leur tête on trouve tous ces hommes dont le talent a rendu le nom populaire : à l'étranger, Dalton, Davy, Berzélius, Liebid ; en France, Guyton-Morveau, Fourcroy, Gay-Lussac, Thénard, Chevreul, Dumas. Autour de ces chefs illustres se pressent une foule de jeunes hommes remplis d'ardeur, qui tous ont donné des gages réels à la science. En présence d'une activité aussi heureusement féconde, l'esprit humain se sent remplis d'un noble orgueil. Il peut compter sur ses forces et marcher hardiment vers un avenir que lui garantissent à la fois le présent et le passé.

Un des caractères essentiels de la chimie moderne se trouve

dans les applications usuelles. Jusqu'à Lavoisier, on peut dire que cette science empruntait aux arts techniques bien plus qu'elle ne leur rendait. Elle cherchait à s'éclairer elle-même en étudiant les procédés pratiques consacrés par l'expérience. Aujourd'hui, non contente d'ouvrir des voies jusqu'alors inconnues aux industries déjà existantes, elle en crée à chaque instant de nouvelles. Naguère on ne trouvait que dans l'officine des apothicaires les substances diverses que seuls ils se chargeaient de préparer ; aujourd'hui on rencontre partout de vastes manufactures de produits chimiques. Pendant nos guerres générales de la révolution, la potasse menace de manquer ; on la remplace par la soude, extraite du sel marin. Les croisières anglaises empêchent le sucre de nos colonies d'arriver jusqu'à la métropole ; on a recours aux plantes indigènes, et bientôt notre humble betterave lutte contre ces roseaux privilégiés que mûrissent les feux du tropique. M. Chevreul, dans un travail en apparence tout scientifique, nous fait connaître la véritable nature des corps gras ; quelques années après, la bougie à bon marché pénètre dans les petits ménages et vient en chasser la classique chandelle. Au milieu de ces utiles applications de la chimie, la médecine ne pouvait être oubliée. Grâce aux chlorures alcalins, nous décomposons les miasmes les plus redoutables. Sertuerner reconnaît un des principes essentiels de l'opium, et bientôt MM. Pelletier et Caventou, réalisant en quelque sorte les rêveries pharmaceutiques de Paracelse, découvrent une longue liste de ces alcalis végétaux, qui donnent aux substances végétales leurs propriétés les plus énergiques.

On comprend sans peine que la physique de mots et d'arguments que s'étaient si longtemps transmise nos écoles dut disparaître devant cette direction nouvelle. Déjà rudement attaquée par Paracelse, elle avait été ébranlée jusque dans ses fondements par Becher et par Stahl ; elle succomba devant. Lavoisier. A partir des premières années de ce siècle, il n'est plus question des quatre éléments. Ce mot disparaît même du langage de la science. Celui de *corps simples* lui succède, et le nombre de ces derniers s'accroît de jour en jour. Tous les métaux prennent rang parmi eux. Quelque temps encore les terres, les alcalis dont les réactions indiquaient la nature complexe, échappent aux efforts de la chimie ; mais le génie de Volta découvre la pile, et cet instrument devient entre les mains de Davy un agent d'analyse que rien n'arrête. La chaux, la potasse, la soude, sont décomposées en un métal qui leur sert de radical et en oxygène : ce sont de simples ondes comme la rouille qui s'attache au fer ou au cuivre. Aujourd'hui le nombre des corps simples, c'est-à-dire des corps élémentaires dont la réunion donne naissance à tous les autres, est parvenu au chiffre de cinquante-cinq, non compris le calorique, la lumière, l'électricité et le magnétisme, agents, impondérables dont la nature nous échappe, et que nous connaissons seulement par leurs effets.

Section II

Est-il probable que l'état actuel de la science soit l'expression de la vérité ? Est-il raisonnable d'admettre, que dans la composition des corps, la nature ait renoncé à cette admirable simplicité de moyens que nous retrouvons à chaque pas dans ses œuvres les plus complexes ? Une cause unique précipite à terre le fétu que notre œil peut à peine apercevoir, enlève au-dessus des nuages le ballon de l'aéronaute, retient les planètes dans leur orbite, et lance dans l'espace ces astres errants dont la course n'a mathématiquement d'autre terme que l'infini. Pour régler tous ces mouvements des mondes ou des atomes, la pesanteur seule a suffi ; et pour créer la matière, il faudrait cinquante-cinq éléments ! Quatre forces distinctes seraient dépensées à lui imprimer des modifications ! Pour celui qui a sérieusement étudié la nature, qui a su voir avec quelle merveilleuse économie de procédés elle arrive aux plus grands résultats, ces chiffres ont quelque chose de si étrange, qu'il est tout d'abord porté à les regarder comme inexacts. Aussi, la simplicité des éléments isolés par les chimistes n'est-elle admise par la plupart des esprits éclairés que comme l'expression des faits actuellement connus, et nullement comme une de ces vérités en qui on peut avoir pleine confiance.

Les progrès journaliers de la science semblent confirmer de plus en plus cette manière de voir. Déjà les physiciens ont reconnu entre la lumière et le calorique de telles analogies, qu'on peut prévoir avec assurance le moment où leur identité sera universellement admise. Le magnétisme et l'électricité se fondent en quelque sorte l'un dans l'autre. La chaleur engendre la lumière et l'électricité. Cette dernière, à son tour, peut développer les trois autres agents impondérables, et donner naissance à des phénomènes magnétiques, lumineux et calorifiques. Ainsi, il est raisonnablement permis d'espérer que sous peu ces quatre forces seront regardées à juste titre comme de simples modifications d'un agent unique, peut-être de cet *éther* dont nos physiciens admettent l'existence, comme l'avaient fait, il y a deux mille ans, les philosophes grecs.

Sous le rapport qui nous occupe, la chimie est bien moins avancée que la physique. Les éléments matériels et pondérables qui forment son domaine ont résisté jusqu'à ce jour. Au milieu des épreuves les plus violentes et les plus multipliées, dans le creuset le plus incandescent comme dans le courant désorganisateur de la pile voltaïque, chacun d'eux semble avoir conservé l'ensemble de ses propriétés physiques et chimiques. Cependant, à l'époque même où l'emploi de l'électricité nous découvrait les métaux alcalins et terreux, les recherches sur l'ammoniaque conduisaient à admettre un métal non élémentaire, c'est-à-dire un composé se comportant comme les corps simples. Les chimistes de nos jours ont conservé cette hypothèse, et rangé l'*ammonium*, radical composé de l'ammoniaque, à côté des radicaux simples de la soude et de la potasse. Entraînés par le mouvement de l'époque, les chimistes abandonnèrent bientôt cette voie, et la décomposition des éléments fut abandonnée aux recherches de ces alchimistes modernes, bien plus nombreux qu'on ne le suppose, qui poursuivent, dans leurs mystérieux laboratoires, l'accomplissement du grand œuvre, la transmutation des métaux. Mais des travaux récents du plus haut intérêt vont peut-être ramener l'attention sur des faits trop longtemps oubliés. Essayons d'en donner un aperçu à nos lecteurs.

Rappelons d'abord quelques-uns des principes fondamentaux qui ont le plus contribué à élever la chimie moderne au rang qu'elle occupe, qui ont permis de suppléer à ce que nos méthodes expérimentales ont nécessairement de borné en les aidant de toute la puissance du calcul. On sait que les *bases* ou *oxydes métalliques (métal plus oxygène)* et les *acides* ont les uns pour les autres la plus grande affinité, et qu'en se combinant ils donnent naissance à des composés désignés sous le nom général de *sels*. Eh bien ! dans un sel déjà formé, un métal peut prendre directement la place d'un autre.

Par exemple, si dans du nitrate d'argent (*oxyde d'argent plus acide nitrique*) nous plaçons une lame de cuivre, celui-ci se dissoudra peu à peu, tandis que l'argent reparaîtra *à l'état métallique*. Bientôt tout le nitrate d'*argent* se trouvera transformé en nitrate *de cuivre*. Dans cette opération, ce dernier métal se combine donc à la fois avec l'oxygène de l'oxyde d'argent et avec l'acide nitrique. Mais, tandis que le premier sel renfermait *treize cent cinquante* parties d'argent, le second n'en contient que *trois cent quatre-vingt-seize* de cuivre. Il faut donc bien moins de cuivre que d'argent pour former un sel avec la même quantité d'oxygène et d'acide nitrique. Tous les corps dont s'occupe la chimie présentent des faits analogues. Leur *capacité de saturation* présente des rapports fixes, pour chacun mais variables de l'un à l'autre. L'étude de ces rapports est très importante, et les chiffres qui les expriment (1350-396 dans l'exemple cité portent en chimie le nom d'*équivalents*.

Dans l'appréciation de l'équivalent d'un corps quelconque, on suppose, en général, que celui de l'oxygène est représenté par 100. C'est à celui-ci que l'on rapporte tous les autres, c'est lui que l'on prend pour unité. Mais, au lieu de l'oxygène, on aurait pu choisir tout autre corps simple l'hydrogène, le carbone, etc. Les chiffres auraient été différents, cela est vrai, mais les rapports n'auraient pas changé : les équivalents, comme nous venons de le dire, n'expriment que des rapports.

Tous les corps se combinent en proportions constantes, invariables, et dans les réactions chimiques un équivalent est toujours exactement remplacé par un autre. Il s'ensuit que, connaissant quelques-uns de ces nombres, on peut, par des calculs très simples, arriver à découvrir tous les autres. Dès-lors on comprend toute l'importance qui s'attache à la détermination exacte des nombres qui servent pour ainsi dire de point de départ.

Parmi les corps dont l'équivalent était le plus essentiel à connaître, se trouvaient l'hydrogène et le carbone, qui, avec l'oxygène, jouent le premier rôle dans les phénomènes chimiques des corps organisés. Jusqu'à ce jour, on avait admis les nombres donnés par le célèbre chimiste suédois, M. Berzélius. Cependant une longue suite de recherches avait conduit M. Dumas à douter de leur exactitude ; il a repris ces expériences délicates par des procédés entièrement nouveaux et avec des précautions jusqu'alors négligées. Le carbone, en brûlant dans l'oxygène, se combine avec lui et donne naissance à un gaz qui a reçu le nom d'acide carbonique. Ainsi, en prenant un poids déterminé de carbone pur, en le brûlant dans de l'oxygène également pur, en recueillant l'acide carbonique produit et en le pesant, on trouvera par la différence des poids la quantité d'oxygène absorbé. Par conséquent, on saura dans quel rapport l'oxygène et le carbone se combinent, on connaîtra leurs équivalents. Cette idée s'était sans doute présentée à l'esprit de bien des chimistes ; mais le carbone pur, c'est le diamant, et pour que les expériences puissent offrir quelque certitude, il faut en sacrifier des quantités considérables. Ces considérations n'ont pas arrêté M. Dumas, et, grâce à lui, on peut dire qu'aujourd'hui l'équivalent du carbone est définitivement fixé.

Une détermination du même genre était bien autrement difficile dès qu'il s'agissait de l'hydrogène. Ce corps n'existe qu'à l'état gazeux : il est environ quatorze fois plus léger que l'air, et de cet ensemble de circonstances il résulte qu'on ne saurait en peser une certaine quantité avec la précision absolue qu'exigent ces sortes de recherches. Il fallait arriver par des moyens détournés : c'est ce qu'a fait M. Dumas. Sous l'influence d'une température élevée, l'oxyde de cuivre a la propriété de céder son oxygène à certains corps, et l'hydrogène est de ce nombre. La combinaison de l'hydrogène et de l'oxygène donne de l'eau. M. Dumas a fait passer un courant d'hydrogène pur sur de l'oxyde de cuivre dont le poids avait été préalablement déterminé, et a recueilli toute l'eau qui se produisait. Après l'opération, il a pesé de nouveau l'oxyde de cuivre et reconnu combien cet oxyde avait perdu pendant l'expérience, c'est-à-dire combien il avait cédé de son oxygène à l'hydrogène. Connaissant d'ailleurs le poids de l'eau qui s'était formée, il a pu en conclure le rapport des quantités des deux gaz employés dans sa composition, et déterminer l'équivalent de l'hydrogène avec une précision dont on n'avait pas encore d'exemple. Dans cet exposé succinct des procédés de M. Dumas, nous avons supprimé tous les détails techniques. Pour donner une idée des difficultés extrêmes de ce genre de travaux, nous ajouterons qu'il a fallu des mois entiers de démarches infructueuses avant d'avoir pu se procurer un ballon de verre propre à contenir l'oxyde de cuivre ; que, pour chaque expérience, plusieurs jours étaient employés à préparer et à monter l'appareil compliqué où l'hydrogène, passant de tube en tube, se dépouillait successivement de toute matière étrangère et de toute humidité. Chaque expérience durait près de vingt heures, et c'était seulement vers les deux ou trois heures du matin que l'opérateur pouvait procéder aux pesées et reconnaître, par les moyens ingénieux qu'il s'était ménagés, si tant de soins et de peines n'avaient pas été inutiles. Souvent l'expérience avait manqué : quelques traces d'humidité se montraient dans les tubes-éprouvettes, il fallait recommencer. Sans se décourager, M. Dumas se remettait, dès le lendemain, à l'ouvrage. Une cinquantaine d'essais ont été faits ainsi ; dix-neuf seulement ont réussi. -Certes, nous devons tous de la reconnaissance aux hommes dont l'esprit conçoit ces importants travaux, qui savent les mener à fin avec cette consciencieuse persévérance. L'Académie des Sciences, appréciant toute la valeur des recherches entreprises par son vice-président, avait manifesté l'intention de prendre à sa charge les dépenses considérables qu'elles avaient exigées. Elle voulait s'associer ainsi, autant qu'il était en elle, a la production de plus d'un kilogramme d'eau artificielle, résultant de la combinaison directe de *deux ou trois mille litres* de gaz. M. Dumas a cru devoir refuser, et nous ne pouvons qu'applaudir aux honorables scrupules qui l'ont guidé dans cette circonstance.

Les nombres obtenus par M. Dumas comme représentant les équivalents du carbone et de l'hydrogène diffèrent sensiblement de ceux qu'avaient obtenus ses prédécesseurs. Toutefois aucun doute ne saurait s'élever sur l'exactitude de ces résultats. Les expériences du chimiste français ont été répétées en Allemagne, et leurs résultats pleinement confirmés. Nous ne pouvons exposer ici toutes les conséquences scientifiques qui en découlent : ces détails appartiennent de droit aux traités de chimie proprement dits. Il en est une cependant dont le rapport avec les idées que nous exposions plus haut est trop remarquable pour que nous la passions sous silence. Depuis longtemps le docteur Prout avait observé que les équivalents des divers corps simples étaient très peu près, exactement divisibles par l'équivalent de l'hydrogène. Il avait proposé de regarder les différences indiquées par le calcul comme dues à des erreurs d'observation. Ces vues théoriques, que n'appuyait il faut l'avouer, aucune expérience directe, furent combattues avec vivacité par plusieurs chimistes, entre autres par M. Berzélius ; mais les nouvelles recherches de M. Dumas viennent leur donner un haut degré de probabilité. Il résulte, en effet, des nombres trouvés par ce chimiste, que les équivalents de l'oxygène, du carbone et de l'azote sont des multiples exacts de celui de l'hydrogène ; qu'en prenant celui-ci pour unité, les autres sont représentés par les nombres entiers 6, 7 et 8. Ce résultat est déjà bien remarquable ; il le devient encore plus en ce qu'il paraît devoir s'étendre à un très grand nombre d'autres corps. Tous ceux dont l'équivalent a été déterminé avec les précautions dont on connaît aujourd'hui l'importance se sont également trouvés être des multiples exacts de celui de l'hydrogène. Nous citerons l'équivalent du *calcium*, métal dont la combinaison avec l'oxygène produit la chaux, déterminé par M. Dumas lui-même ; ceux du gaz chlore, de l'argent, du potassium, radical de la potasse, obtenus par M. de Marignac ; enfin celui du zinc, trouvé par M. Jaquelain. N'y a-t-il pas quelque chose de mystérieux dans la généralité de ce fait ? Et lorsqu'on se rappelle ce que nous avons dit sur les combinaisons en général, n'est-on pas conduit à voir comme une annonce de quelque grande révolution scientifique qui détrônera bon nombre de nos éléments pour les ramener au rôle secondaire de corps composés ?

Peut-être quelqu'un de nos lecteurs nous traitera-t-il de rêveur, d'alchimiste ; nous accepterons l'épithète. L'alchimie, débarrassée de son entourage de pratiques et de croyances superstitieuses, est-elle donc chose si ridicule ? Scheele, Priestley, Cavendisch, Lavoisier, étaient des alchimistes, car ils ont décomposé, transmuté des corps regardés jusqu'à eux comme élémentaires. N'y a-t-il donc plus rien à faire après ces hommes illustres ? ou plutôt n'y a-t-il de progrès possible que dans la voie qu'ils, ont tracée ? A ce compte, la chimie, celle du moins qui s'occupe de la matière brute, serait grandement avancée. Que nos corps simples soient ou non des éléments, leurs propriétés paraissent aujourd'hui à peu près connues, et, sauf quelques détails, il reste sans doute peu de chose à découvrir ; mais, parmi les faits positifs recueillis en travaillant dans cette direction, il en est qui se rattachent tellement à nos idées, que nous allons les rappeler en peu de mots.

On admet généralement que l'ensemble des propriétés qui

caractérisent un corps dépend de sa composition, qu'il en est la conséquence. Cet ensemble ne devra donc changer qu'autant que la nature du corps, c'est-à-dire sa composition, viendra à être altérée. Toutes les fois que deux corps jouissant de la même composition se trouveront placés dans des circonstances semblables, ils devront présenter identité de propriétés. Eh bien ! il n'en est pas ainsi. La chimie organique nous offre de nombreux exemples de corps *isomères*, c'est-à-dire donnant par l'analyse les mêmes éléments dans les mêmes proportions, et qui n'en sont pas moins parfaitement distincts. La chimie inorganique présente des faits analogues. Bien plus, il suffit quelquefois d'une opération très simple pour changer les propriétés les plus essentielles d'un corps, pour en faire un corps nouveau sans toucher à sa composition. Ce phénomène a reçu des chimistes le nom de *dimorphisme*. Ici les exemples abondent ; contentons-nous de citer les plus saillants.

Pour enlever, en tout ou en partie, à certains oxydes, la propriété si caractéristique de se dissoudre dans des acides, il suffit de les chauffer un peu fortement. Placez dans un creuset entouré de charbons ardents une certaine quantité d'oxyde de chrome, dont la couleur est d'un vert foncé presque noir ; dès que le creuset commencera à rougir, vous verrez sa température s'élever brusquement, et la masse mise en expérience briller d'une vive lumière, comme si elle avait pris feu. Au bout de quelques instants, cette incandescence inexplicable disparaît, et l'appareil ne présente plus que le degré de chaleur dû au feu qui l'entoure. Laissez alors refroidir votre oxyde et examinez-le attentivement, sa couleur n'est plus la même, elle est devenue d'un beau vert. Jetez-le dans un acide, et ce dissolvant naguère tout-puissant se trouvera sans action sur lui ; propriétés physiques et chimiques ont également changé. Ce n'est donc plus le même corps. Pourtant la balance et l'analyse nous apprennent que l'oxyde n'a ni perdu ni gagné le moindre atome de matière pendant l'opération, et, pour le ramener à son premier état, il suffit de le plonger pendant quelques heures dans un bain d'acide sulfurique à une température peu élevée.

Si l'on tient le verre ordinaire dans un état de fusion tranquille et longtemps prolongée, ce corps perd toutes les propriétés si connues qui en font une des plus précieuses conquêtes de l'industrie humaine. De transparent il devient opaque ; sa fragilité proverbiale disparaît ; il acquiert une dureté telle qu'il fait feu sous le briquet comme la pierre à fusil ; en même temps sa fusibilité diminue au point que l'on pourrait s'en servir comme creuset et y fondre d'autre verre de même composition. Les fours de verreries présentent assez souvent de ces masses de verre *déverrifié*, si l'on peut s'exprimer ainsi, et ramené à l'état de roche. Qu'on le soumette à l'analyse, et l'on y retrouvera tous les éléments du verre le plus fragile et le plus transparent combinés dans leurs proportions ordinaires.

Certes, c'est là de l'alchimie, et la transmutation du mercure en or ne serait guère plus merveilleuse. Mais que se passe-t-il donc clans ces phénomènes si bien faits pour attirer toute notre attention ? Une très belle expérience que à M. Rose nous permet de le soupçonner. Tout le monde connaît l'arsenic ; ce corps peut être obtenu sous deux états différents, presque incolore et transparent comme du verre, ou entièrement opaque et de couleur blanche : c'est donc un corps *dimorphe*. Dans l'un et l'autre cas, sa composition, ses propriétés chimiques sont les mêmes, et il peut également se dissoudre dans l'acide muriatique. Eh bien ! plaçons dans l'obscurité deux dissolutions également concentrées, l'une d'arsenic vitreux, l'autre d'arsenic opaque, et laissons-les cristalliser. Cette dernière ne manifestera aucun phénomène particulier. Dans l'autre, au contraire, chaque petit cristal, en se déposant, dégagera une vive lumière, et en même temps la température du liquide s'élèvera. La cristallisation terminée, examinons-en le produit. Nous trouverons exactement le poids de matière employé ; mais l'arsenic vitreux aura perdu sa transparence, il sera passé à l'état d'arsenic opaque, et les cristaux obtenus dans les deux dissolutions n'offriront aucune différence. Pour en arriver là, qu'a donc fait l'arsenic vitreux ? Il a dégagé de la lumière et de la chaleur jusqu'à ce moment inappréciable à l'aide de nos instruments.

Ainsi les faits de ce genre, faits dont nous pourrions multiplier les citations, semblent tenir à ce qu'il existe des corps jouissant de la propriété de se combiner d'une manière permanente avec les éléments impondérables ou avec cet agent universel dont la chaleur, l'électricité, la lumière, ne sont que des manifestations. Mais, s'il en est ainsi pour quelques-uns, pourquoi n'en serait-il pas de même pour d'autres ? Pourquoi, à côté des composés instables que nous venons de signaler, ne s'en trouverait-il pas chez qui cette combinaison serait beaucoup plus durable par suite d'une affinité plus grande ? Pourquoi, par exemple, y aurait-il autre chose qu'une différence de ce genre entre le platine et ces métaux qui l'accompagnent toujours, qu'on ne rencontre qu'avec lui, et qui lui ressemblent à tant d'égards ? Non, non ; ne crions pas à la folie quand nous voyons des hommes d'un savoir réel douter de la stabilité de nos corps simples, les regarder comme pouvant n'être que les modifications d'un petit nombre d'éléments encore inconnus, et croire à leur transmutation.

Le moment serait d'ailleurs mal choisi. Aux faits que nous avons cités, la science vient d'en joindre de plus significatifs encore. Dans un travail des plus remarquables, un chimiste français, M. Péligot, a prouvé tout récemment que l'*urane*, regardé jusqu'à ce jour comme un métal, était en réalité un oxide. Et pourtant ce composé présente toutes les réactions ordinaires regardées comme l'apanage exclusif des corps simples. On parle tout bas, dans le monde scientifique, de résultats peut-être plus décisifs. Il n'y a pas à en douter, une ère toute nouvelle se prépare pour la chimie, et nous ne craignons pas de prédire aux savants qui les premiers entreront dans cette voie qu'une glorieuse place leur est réservée à côté de Lavoisier, de Priestley et de Cavendisch.

S'il peut y avoir quelque chose de hasardé dans ces idées quand on les applique à la chimie inorganique, il n'en est plus de même dès qu'on abandonne la nature morte pour s'occuper des corps organisés. Ici plus de doute possible ; nous sommes en pleine alchimie. Il n'est peut-être pas sur le globe une espèce animée ou végétale qui ne possède ses principes immédiats spéciaux. Les réactions artificielles provoquées par le chimiste viennent encore augmenter le nombre de ces substances, dont la longue liste fatiguerait aujourd'hui la mémoire la plus heureuse. Pour créer tous ces corps divers, pour doter chacun d'eux de ses propriétés particulières, n'allez pas croire que la nature ait eu recours aux cinquante-cinq éléments dont nous parlions tout à l'heure. Deux, trois ou quatre corps simples, voire les ressources qu'elle a employées. Le carbone, l'hydrogène, l'oxygène et l'azote sont mis seuls en jeu dans cet immense laboratoire ; si les autres éléments interviennent, ce n'est jamais que d'une manière accessoire, et le plus souvent comme moyen mécanique de solidification. Quelques millièmes de plus ou de moins de l'un de ces quatre éléments suffisent pour changer complètement la nature d'un composé. Souvent l'analyse la plus délicate ne dévoile aucune différence dans la composition de deux corps d'ailleurs essentiellement distincts, et nous voyons se multiplier ici les faits d'*isomérisme*. Certes, c'est une grande et difficile tâche que de suivre ces mille Protées dans leurs transformations, que de reconnaître les lois qui règlent jusqu'à leurs écarts les plus bizarres en apparence, et de ramener ce nombre presque infini de faits à quelques formules simples et d'une facile application. Tel est le but que se propose aujourd'hui la chimie organique, et nous pouvons dire avec un juste orgueil que les savants français ont plus que tous les autres contribué à lui donner cette impulsion vraiment philosophique.

Lorsque, abandonnant les études chimiques proprement dites, on cherche à se rendre compte du rôle que jouent dans l'économie des êtres organisés ces principes immédiats, lorsqu'on se place au point de vue physiologique, on est frappé tout d'abord d'un fait des plus remarquables. Parmi toutes ces substances acides, alcalines, neutres, fées, volatiles, etc., que la science découvre dans les animaux et les végétaux, un très petit nombre seulement paraissent être essentielles à leur composition. De celles-ci il en est surtout six dont l'importance est fondamentale. Trois sont des composés ternaires, c'est-à-dire qu'elles résultent de la combinaison de trois éléments seulement, l'hydrogène, l'oxygène et le carbone. Ce sont la *cellulose*, trame des tissus cellulaires et ligneux, l'*amidon* et la *dextrine*. Les trois autres se composent de quatre corps élémentaires empruntés au règne inorganique, savoir l'hydrogène, l'oxygène, le carbone et l'azote. Ces composés quaternaires sont la *fibrine*, l'*albumine* et le *caseum*.

Les principes immédiats qui forment chacun de ces deux groupes sont très distincts par l'ensemble de leurs propriétés, et cependant leur composition est la même : ils sont *isomères*. Dans les trois premiers, les quantités d'hydrogène et d'oxygène sont réunies dans les proportions nécessaires pour former de l'eau, en sorte qu'on peut représenter leur composition par du carbone, plus de l'eau. Ce dernier corps semble reprendre ici le rôle créateur que lui attribuaient les anciens, et la moindre variation dans le nombre de ses molécules suffit pour changer complètement la nature d'un composé. En Voici un exemple :

72 de carbone et 9,0 d'eau forment la cellulose, l'amidon, et la dextrine.

72 de carbone et 99 d'eau forment le sucre de canne.

72 de carbone et 108 d'eau forment le sucre de lait.

72 de carbone et 126 d'eau forment le sucre de raisin.

Ce petit tableau nous explique comment il a été possible de transformer en sucre non-seulement l'amidon, mais encore du papier des chiffons, de la sciure de bois. Tous ces corps sont principalement composés de tissus ligneux, et dès-lors il a suffi de déterminer la combinaison de leurs éléments avec une certaine quantité d'eau pour arriver à ce résultat, si extraordinaire au premier coup d'œil.

L'albumine, la fibrine et le caseum sont isomères, comme nous l'avons dit plus haut, et leur composition est représentée par du carbone, de l'eau et de l'ammonium ;

Si nous joignons aux substances que nous venons d'indiquer quelques matières grasses et sucrées, nous aurons complété la liste des principes immédiats essentiels de toute organisation. Ainsi quatre éléments et tout au plus une douzaine de composés secondaires, tels sont les matériaux qui suffisent à la nature pour couvrir le globe de sa riche parure végétale, pour peupler la terre et la mer, la forêt la plus vaste comme la moindre touffe d'herbe, l'Océan comme la goutte

Section III

Ici se présentent de grandes, de belles questions. Ces éléments premiers, hydrogène, oxygène, carbone, azote, d'où viennent-ils ? Où l'organisation va-t-elle puiser ces corps nécessaires qu'elle met incessamment en œuvre ? Existe-t-il quelque part un grand réservoir préparé d'avance ? S'il en est ainsi, ce réservoir doit-il s'épuiser un jour, l'organisation s'arrêter et la vie disparaître de la surface du globe, faute d'êtres qu'elle puisse animer ? Si cette crainte est par quels moyens la nature renouvelle-t-elle sans cesse ce trésor de matière qu'elle dépense avec une si magnifique profusion ? Dans la distribution que leur en fait la mère commune, l'animal, le végétal, sont-ils également partagés ? Dans ces deux grandes divisions des êtres organisés, la vie agit-elle d'une manière identique sur les éléments soumis à son influence ? Et quand arrive ce moment mystérieux qui ramène à l'état de matière brute le corps le plus richement organisé, que deviennent tous ces principes immédiats, tous ces produits de la vie, que nous voyons se dissoudre ou tomber en poudre à nos yeux ? Tels sont les sublimes problèmes que la science moderne a osé aborder de front, non plus, comme jadis, à l'aide de simples hypothèses, mais en s'appuyant toujours sur l'expérience directe. On voit que la chimie, dans ses progrès incessants, ne s'en tient plus à l'étude des corps isolés, mais qu'elle s'élève jusqu'à cette physique générale du globe, dont l'accès semblait lui être à jamais interdit.

Chargé de l'enseignement de la chimie à la faculté de médecine à Paris, M Dumas s'est trouve naturellement ramené vers les applications physiologiques de cette science, et ce professeur semble être retourné avec joie à des études qui marquèrent ses débuts dans la carrière scientifique. Fort des travaux de ses devanciers et de ses propres recherches, il n'a reculé devant aucune des difficultés de sa tache, et, dans un écrit aussi remarquable par la forme que par le fond, il vient de résumer les leçons professées par lui sur le sujet qui nous occupe. Plus que tout autre, M. Dumas était fait pour traiter ces questions ardues. A une patience infatigable, à une sévérité consciencieuse dans la recherche des faits, se joint chez ce savant un esprit essentiellement généralisateur. Nul mieux que lui ne sait rattacher des détails à un ensemble, coordonner les faits épars et les enchaîner par de larges théories. Peut-être, dans ce travail de synthèse, se laisse-t-il entraîner quelquefois par l'élan de son intelligence ; mais, s'il lui arrive de temps à autre de dépasser le but qu'un si petit nombre peut atteindre, qui pourrait lui en faire un reproche ? Retrancher quelques jets d'un arbre trop vigoureux sera toujours chose facile ; quel parti tirer d'un misérable avorton ?

La pensée fondamentale de l'*Essai sur la Statique chimique des êtres organisés* peut se formuler en ces termes : les végétaux fabriquent les principes immédiats ; les animaux s'en emparent et les décomposent. Ceux-là sont des producteurs, ceux-ci des consommateurs. Les premiers empruntent sans cesse à l'air atmosphérique les éléments fondamentaux de l'organisation animale ou végétale ; les seconds lui rendent à chaque instant ces mêmes matériaux. L'atmosphère, tel est le réservoir où la nature puise et déverse toutes ses richesses, tel est le lien qui rattache l'un à l'autre le règne animal et le règne végétal.

La composition de l'atmosphère mérite donc toute notre attention. Cette couche gazeuse qui enveloppe le globe de toutes parts est essentiellement formée d'un mélange de 230 parties de gaz oxygène pour 770 de gaz azote en poids. Mais on y rencontre en outre en tout temps de la vapeur d'eau (hydrogène et oxygène), 4-6 dix millièmes d'acide carbonique (oxygène et carbone) et des traces de gaz des marais (hydrogène et carbone). De plus, elle renferme accidentellement quelques produits ammoniacaux (hydrogène et azote) et de l'*acide azotique* (oxygène et azote). Ces derniers produits sont très solubles dans l'eau ; les pluies en débarrassent facilement l'atmosphère, et les entraînent dans le sol où ils jouent le rôle d'engrais naturels.

Une fois sûrs de ces faits, jetons en terre une semence dont la composition nous est connue, et voyons par quelle succession de phénomènes le germe qu'elle renferme se transforme en humble plante ou en arbre majestueux. Dans l'un ou l'autre cas, nous ne saisirons aucune différence ; les mêmes lois engendreront des faits entièrement semblables. A mesure que le germe se développe, la graine mère se flétrit et s'atrophie : elle s'épuise pour nourrir l'embryon. Bientôt celui-ci enfonce dans le sol une frêle radicule, il épanouit au dehors ses premières feuilles. Dès ce moment, sa vie est assurée ; la graine se décompose et disparaît. Étudions le nouvel être. A mesure qu'il grandit, feuilles et racines se multiplient et sont le siège des phénomènes les plus apparents de sa vie. Les racines étendent au loin leur chevelure déliée. Un torrent continuel de liquide arrive par les radicelles, pénètre dans le végétal et le traverse pour arriver jusqu'aux feuilles. Ce liquide est de l'eau tenant en dissolution des sels de toute nature, mais surtout de l'acide carbonique, des azotates et des produits ammoniacaux : hydrogène, oxygène, carbone, azote, voilà ce que la plante va surtout puiser au sein de la terre. Que vont faire dans les feuilles toutes ces substances diverses ? Ici le résultat varie avec l'heure de l'observation. Le jour, nous voyons ces parties vertes du végétal exhaler de l'eau et de l'oxygène. La nuit, l'observateur recueille de l'eau et de l'acide carbonique. Cependant le végétal s'accroît ; il renferme évidemment beaucoup plus de matière que n'en contenait la graine qui lui donna naissance. Coupons-le, desséchons-le avec soin et soumettons-le à l'analyse ; nous trouverons que, pendant son existence, il a augmenté de poids, et pour cela fixé et retenu de l'hydrogène, de l'oxygène, du carbone, de l'azote et une petite quantité de cendres.

Les éléments de l'atmosphère, voilà donc ce que nous retrouvons surtout dans le végétal. Qu'ils lui soient arrivés directement par l'air qui l'environne ou par celui qui pénètre jusqu'aux racines, qu'ils aient été absorbés à l'état de liberté sous forme gazeuse ou bien en dissolution dans l'eau que le sol reçoit des nuages, ils n'ont pas changé de nature. Pour pénétrer dans ses canaux nourriciers, ils passent d'ordinaire par les racines ; mais cette voie n'est pas la seule qui leur soit ouverte. On sait avec quelle facilité merveilleuse les cactus, les plantes grasses en général, prospèrent dans le terrain le plus stérile. On sait que dans nos serres, et mieux encore sous le soleil brûlant de leur patrie, ces végétaux empruntent à l'air seul tout ce qui est nécessaire à un développement souvent considérable. Pour eux, le sol n'est littéralement qu'un point d'appui. M. Boussingaut vient de prouver qu'il peut en être de même pour nos plantes usuelles, pour celles qui semblent exiger le plus de culture. Il a semé diverses graines dans du sable siliceux pur, préalablement calciné pour détruire toute trace de matière organique susceptible d'agir comme engrais. Ces graines placées à l'abri de la poussière, arrosées avec de l'eau distillée, ont germé et poussé des tiges. Il en est, comme les pois et le treffle, qui ont porté des fleurs et des fruits. L'analyse a démontré que, pendant cette singulière culture, le treffle avait triplé le poids de sa matière première, ce qu'il n'avait pu faire évidemment qu'aux dépens de l'eau et de l'air atmosphérique.

L'eau, soit à l'état de liquide au sein de la terre, soit à l'état de vapeur dans l'atmosphère, fournit abondamment aux végétaux, hydrogène et l'oxygène dont ils ont besoin. Mais d'où leur vient cette énorme quantité de carbone qu'ils emploient sans cesse ? Uniquement de l'acide carbonique. Qu'il arrive par les feuilles ou par les racines, c'est toujours à l'état de combinaison avec l'oxygène que le carbone s'introduit dans les végétaux. Ceux-ci semblent l'absorber avec une véritable avidité. M. Boussingaut a dirigé sur des feuilles de vigne enfermées dans un ballon un courant d'air très rapide ; cet air ressortait entièrement dépouillé d'acide carbonique. Que l'on coupe un arbre en pleine sève, et l'on verra, comme M. Boucherie, s'échapper par la portion du tronc qui tient encore à la terre des quantités énormes d'acide carbonique aspiré du sol par les racines. Arrivé dans les parties vertes de la plante, et surtout dans les feuilles, ce gaz est décomposé ; son oxygène se dégage, le carbone reste, et ; combiné avec des proportions variables d'eau ou d'ammonium, il donne naissance, comme nous l'avons vu, aux principes fondamentaux de l'organisation.

Les parties vertes des plantes désoxygènent donc le carbone : elles constituent ce qu'on appelle en chimie un appareil de réduction, appareil admirable et jusqu'à ce jour inimité, qui décompose à froid un des corps les plus stables que nous connaissions. Mais pour que cette propriété remarquable se développe, pour que les forces chimiques de la vie végétale entrent en action, l'intervention de la lumière est indispensable. Dans l'obscurité, les feuilles n'absorbent plus d'acide carbonique ; celui qui leur arrive du sol n'est plus décomposé. Il traverse sans altération le tronc le plus considérable et s'échappe à travers lés pores de la plante comme à travers un simple crible. Pendant la nuit les végétaux ne croissent pas, ils ne vivent pas pour ainsi dire, et- c'est pour eux surtout que la lumière et la chaleur solaires ont toute la puissance du feu divin que Prométhée déroba aux cieux pour animer sa statue.

Nous connaissons les sources d'où les végétaux retirent l'hydrogène, l'oxygène et le carbone ; mais d'où leur vient l'azote, ce quatrième élément non moins essentiel pour eux, bien plus nécessaire encore aux animaux qui vont chercher dans les plantes leur unique nourriture ? Le règne végétal nous offre à cet égard une grande variété. Parmi les espèces qui le composent, il en est qui empruntent à l'air une grande partie de leur azote : d'autres le demandent presque en entier aux matières organiques en décomposition, c'est-à-dire aux engrais. Ici se présente une de ces considérations qui prouvent quel intérêt pratique s'attache souvent à des résultats purement scientifiques en apparence.

On connaît toute l'importance de cette question des engrais, dont l'agriculture de tous les temps et de tous les peuples a cherché la solution. Thaër a posé en principe que plus une substance était animalisée, c'est-à-dire azotée, plus elle était propre à rendre à un terrain épuisé sa fécondité première. De son côté, M. Boussingaut a reconnu que les fourrages les plus actifs étaient ceux qui contenaient le plus d'azote. On voit que l'action épuisante de la végétation s'exerce principalement sur les substances qui renferment cet élément. La question des engrais peut donc se poser en ces termes reconnaître quelles sont les plantes qui empruntent le moins d'azote aux engrais ; avec ce fourrage élever des animaux herbivores ; avec les fumiers de ces bestiaux rendre à la terre la quantité d'azote qui lui est nécessaire pour produire les plantes qui ne tirent cet élément que de l'engrais.

M. Boussingaut a tenté la solution de ce problème par la voie de l'expérimentation directe. Il a pesé et analysé, d'un côté, les semences des plantes les plus usuelles et la quantité d'engrais nécessaire à leur culture, de l'autre, les produits obtenus, et il est arrivé aux chiffres suivants : en général, les récoltes renferment deux fois plus de carbone qu'il ne s'en trouvait dans les semences et les engrais ; le surplus a donc été tiré de l'atmosphère. La quantité d'hydrogène est également doublée. Ces mêmes récoltes présentent seulement moitié en sus de la quantité première d'azote. Ces résultats généraux souffrent des exceptions. Ainsi, dans le froment, l'azote de la récolte représente exactement celui que contenaient les semences et l'engrais. Le froment n'emprunt de l'hydrogène et de l'oxygène. Dans le topinambour, au contraire, la quantité de carbone fournie par les semences et l'engrais réunis est quintuplée pendant la vie de la plante ; celle de l'azote est doublée. Un hectare de terrain planté en topinambours a pris à l'air, en deux ans, treize mille kilogrammes de carbone et cent trente kilogrammes d'azote.

Certes, ces résultats sont curieux pour le savant, mais leur importance n'est pas moindre pour l'économiste. Si l'agriculture est la véritable richesse des nations, la seule qui soit à l'abri des grandes commotions politiques, on comprendra combien de telles recherches ont de valeur pour les plus puissants états. Il est évident que la culture du topinambour, d'une plante usuelle qui se nourrit en quelque sorte d'air, ne peut être que très avantageuse.

L'expérience confirme d'ailleurs ici les prévisions de la théorie. Depuis quelques années, cette culture a pris en Alsace une grande extension, et il est à désirer que le reste de la France suive bientôt l'exemple d'une de nos provinces où l'agriculture est le plus avancée.

Mais pourquoi cette nécessité des engrais azotés, lorsque les plantes entourées d'air atmosphérique sont, pour ainsi dire, plongées dans un bain d'azote ? C'est que, pour être utile à la végétation, cet élément, de même que le carbone et l'hydrogène, a besoin, dans la plupart des cas, d'être uni à un autre corps. C'est à l'état d'ammoniaque, d'oxyde d'ammonium, d'acide azotique, d'azotate, que l'azote pénètre dans la plante. Là il est réduit, amené à l'état d'ammonium, et, comme nous l'avons vu, il forme par sa combinaison avec l'eau et le carbone celles des substances végétales dont le règne animal a le plus besoin. Ces faits-nous expliquent le rôle des engrais et nous permettent de réduire le problème de leur production à cette expression bien simple : produire de l'ammoniaque à bon marché, fixer de l'azote au plus bas prix possible.

Dans ce qui précède, nous n'avons rien dit des sels solubles que l'eau entraîne avec elle dans les végétaux. Ces sels, abandonnés par le véhicule qui les charriait et qui s'évapore à la surface des feuilles, forment la partie du végétal qui résiste à la combustion. Ce sont les cendres, composées principalement de potasse, de soude, de chaux, de magnésie et de fer, combinés avec les acides carbonique, sulfurique, phosphorique et silicique ; ces substances n'offrent d'ailleurs rien de fixe dans leurs proportions. Théodore de Saussure a démontré depuis longtemps que la nature du sol influe sur celle des cendres. Le rôle de ces corps inorganiques est d'ailleurs presque nul dans la végétation, comme le prouvent les expériences déjà citées de M. Boussingaut. Les plantes cultivées sur du sable, nourries seulement d'air et d'eau, ne contenaient pas plus de cendres que les graines qui leur avaient donné naissance, et le manque de sels inorganiques ne les avait nullement empêchées de se développer, de donner des fleurs et des fruits.

C'est donc à l'atmosphère seule, en prenant ce mot dans une large acception, que les plantes empruntent leurs éléments, l'hydrogène, l'oxygène, le carbone et l'azote. Ces éléments y arrivent à l'état de combinaison. Sous l'influence de la lumière, ils sont réduits, et leurs molécules mises ainsi en présence s'unissent pour former les principes immédiats que nous avons signalés. En même temps se produisent d'autres composés moins importants, dont la présence n'est pas essentielle à la vie de la plante, mais qui n'en remplissent pas moins un rôle dans son mode d'existence. Ces substances accessoires sont principalement des matières gommeuses et sucrées, des huiles grasses, des graisses qui, brûlées dans l'acte de la germination, semblent fournir la chaleur nécessaire au développement de l'embryon, qui entourent et protègent la graine ; des huiles volatiles dont l'odeur pénétrante ou la saveur caustique défendent la plante contre les attaques des insectes, enfin des cires qui s'étendent sur les feuilles et les fruits comme un vernis naturel, et les rendent imperméables.

Ainsi, le grand laboratoire de la chimie organique se trouve dans les végétaux. Seuls, ils élaborent les matières premières que leurs racines vont pomper au loin dans le sol, que leurs feuilles dérobent à l'atmosphère ; seuls, ils fabriquent les produits fondamentaux des deux règnes. Il ne reste aux animaux qu'à s'en emparer, à se les assimiler par l'acte de la digestion.

Dans l'ensemble d'idées que nous présentons ici, la nourriture de tous les animaux, qu'ils soient herbivores ou carnivores, est absolument la même : les matières alimentaires se présentent seulement dans un état un peu différent. Elles sont disséminées en quelque sorte au milieu des tissus végétaux, et l'animal herbivore a besoin de s'ingérer une masse énorme d'aliments pour en extraire et absorber la petite quantité de matières grasses et azotées qu'ils renferment. La digestion n'a d'autre but que de dissoudre ces principes immédiats, d'en former une espèce d'émulsion. Celle-ci, reprise par les vaisseaux absorbants, versée dans le torrent de la circulation, est transportée dans tout l'organisme, et lui cède entièrement préparés les matériaux qui lui sont nécessaires. La même succession de phénomènes se reproduit chez les animaux carnassiers. Mais, les herbivores ayant déjà concentré en quelque sorte les matières alibiles, les carnivores n'auront plus besoin d'avaler une aussi grande quantité d'alimens, et ceux-ci, moins embarrassés de matières étrangères, seront plus facilement digérés. Dans cette théorie, chaque molécule d'albumine ou de fibrine fabriquée par le végétal passe, sans s'altérer, de la plante dans l'animal herbivore, de celui-ci, quand elle n'a pas été dépensée, dans l'animal carnivore : la digestion n'est plus qu'une simple absorption.

Une fois introduits dans l'économie animale, que deviennent ces divers produits ? L'expérience va nous l'apprendre. Tout animal dérage sans cesse de l'acide carbonique et de l'eau, c'est-à-dire de l'hydrogène et du carbone combinés avec de l'oxygène. En d'autres termes, les animaux brûlent continuellement du carbone et de l'hydrogène, car cette combinaison est une véritable combustion. Pour être décomposée en plusieurs temps, elle n'en est pas moins réelle. Le fer qui brûle dans l'oxygène avec une lumière éblouissante et une température des plus élevées fournit le même composé que celui qui se rouille peu à peu au contact de l'air. La quantité de chaleur produite dans les deux cas est donc absolument la même ; mais, dans le second, la lenteur de son développement la rend insensible : la réflexion et la science peuvent seules nous en dévoiler l'existence. Les combustions qui se passent dans les profondeurs de l'organisme animal sont de même nature : ce sont des combustions lentes.

Dans ces appareils admirables, la nature ne permet aucune de ces pertes de force que nos plus habiles ouvriers ne sauraient éviter. Aussi pouvons-nous apprécier le calorique dégagé dans ces réactions chimiques. La chaleur animale tout entière provient uniquement de ce carbone, de cet hydrogène que nous brûlons constamment. L'oxygène nécessaire nous est fourni par l'air, son absorption se fait dans le poumon ; mais c'est dans les derniers ramuscules de nos vaisseaux sanguins que s'accomplit l'acte. de la respiration. C'est là qu'a lieu la destruction dis principes nourriciers du sang, là que se forment l'eau et l'acide carbonique que nous exhalons sans cesse par la peau et par les poumons.

Pour alimenter ce laboratoire animé, un homme de taille moyenne brûle environ 12 grammes de carbone par heure, ou l'équivalent en hydrogène. Ainsi, nous employons par jour 288 grammes de carbone, et, au bout d'un an, chacun de nous a brûlé par la respiration 105 kilogrammes de la même substance. En supposant que le règne animal tout entier, hommes et animaux compris, puisse être représenté par une population de 4,000 millions d'hommes, on voit que la dépense annuelle du carbone se monte à plus de 4,00,000 millions de kilogrammes.

« Ainsi, dit M. Dumas, dont nous croyons devoir citer textuellement les expressions, toute la chaleur animale vient de la respiration : elle se mesure par le carbone et l'hydrogène brûlés. Il m'est démontré, en un mot, que l'assimilation poétique de la locomotive du chemin de fer à un animal repose sur des bases plus sérieuses qu'on ne l'a cru peut-être. Dans l'un et l'autre, combustion, chaleur, mouvement ; trois phénomènes liés et proportionnels. » Hâtons-nous d'ajouter avec l'illustre chimiste que l'homme, considéré comme machine empruntant sa force au charbon qu'elle brûle, est encore un appareil bien au-dessus de nos plus parfaites locomotives. Pour monter au sommet du Mont-Blanc, un homme emploie vingt-quatre heures et brûle en moyenne 300 grammes de carbone ; si une machine à vapeur s'était chargée de l'y porter, elle en aurait exigé 1,000 à 1,200. On voit que, même dans cette hypothèse, nos ingénieurs ont encore bien à faire avant de rivaliser avec la nature.

Les végétaux nourris d'eau, d'acide carbonique, d'azote et de produits ammoniacaux ont donc fourni au règne animal les principes immédiats. Celui-ci, avons-nous vu, leur rend à chaque instant de l'eau et de l'acide carbonique. Il est évident qu'il leur doit encore de l'azote et de l'ammoniaque. Le premier s'échappe continuellement du poumon et de la peau ; le second est entraîné par nos excrétions et rendu à ce réservoir où les végétaux ont sans cesse à puiser : Ici se présente une de ces combinaisons que le physiologiste rencontre à chaque pas dans ses recherches, une de ces métamorphoses tout aussi merveilleuses que les transmutations de l'alchimie. L'ammoniaque, substance extrêmement caustique, n'aurait pu se trouver en contact avec nos organes sans y causer de graves désordres. La nature y a pourvu. Mise en rapport avec l'acide carbonique dans l'intérieur du corps, elle se combine avec lui et passe à l'état de carbonate. Celui-ci, privé de deux molécules d'eau, est amené à l'état de corps neutre et devient de l'*urée*, qui peut traverser notre organisme, y séjourner même, sans entraîner le moindre accident. A côté de cette substance se forme en même temps une petite quantité de matière muqueuse ou albumineuse destinée à agir comme ferment. Lorsque l'organisme se débarrasse de ces produits désormais inutiles, une simple fermentation rend à l'urée ses deux molécules d'eau et la ramène à l'état de carbonate d'ammoniaque que les végétaux ne tarderont pas à absorber et à redécomposer pour s'en nourrir.

Toute matière organique vient donc de l'atmosphère et retourne à l'atmosphère. Pris à ce point de vue, les végétaux, les animaux, ne sont que de l'air condensé. Le règne végétal, immense appareil de production, emprunte à l'air qui nous environne des matériaux qu'il façonne pour lui d'abord, puis pour le règne animal qui les consomme et les rend à la masse commune. Les composés inorganiques qui flottent autour de nous sous la forme de gaz, qui pénètrent sous la terre dissous par les eaux pluviales, sont réduits par les végétaux et amenés à l'état de principes immédiats qui passent sans altération aux animaux. Ceux-ci les détruisent, les brûlent, et reproduisent les éléments premiers qu'ils versent à la masse commune. « Ainsi, pour employer les paroles de M. Dumas, tout ce que l'air donne aux plantes, les plantes le cèdent aux animaux, les animaux le rendent à l'air ; cercle éternel dans lequel la vie s'agite et se manifeste, mais où la matière ne fait que changer de place. »

Le règne animal, le règne végétal, nous apparaissent dès-lors comme deux puissances antagonistes dont l'une tend sans cesse à détruire, l'autre à recomposer ; la première à vicier, la seconde à purifier l'air nécessaire à tous les êtres vivants. Pour apprécier le balancement de ces deux forces, pour voir jusqu'à quel point il pourrait être raisonnable de craindre que la prédominance sans cesse croissante du règne animal sur le règne végétal ne vienne à troubler un jour les harmonies existantes en changeant la composition de l'atmosphère, nous allons citer les résultats numériques donnés par M. Dumas, en y joignant quelques calculs.

La couche gazeuse qui enveloppe le globe a environ vingt lieues de hauteur. Sa pesanteur peut être représentée par le poids de 581,000 cubes de cuivre de 1 kilomètre de côté ; son oxygène pèse autant que 134,000 de ces mêmes cubes ; son acide carbonique autant que 116 cubes semblables. En d'autres termes ; l'atmosphère pèse environ 5,229,000,000,000 millions de kilogrammes ; le poids de son oxygène est de 1,206,000,000,000 millions de kilogrammes ; celui de son acide carbonique de 2,088,000,000 millions de kilogrammes. Or, un homme consomme par heure à peu près 40 grammes d'oxygène, c'est-à-dire 960 grammes par jour, et par conséquent environ 350 kilogrammes par an. Au bout d'un siècle, un homme aurait donc employé 35,000 kilogrammes de ce gaz. En supposant la population animale du globe représentée par quatre mille millions d'hommes, elle aurait consommé dans un siècle 120,000,000 millions de kilogrammes d'oxygène. Or, ce poids représente à peu près celui de 15 kilomètres cubes de cuivre, et nous avons vu que le poids total de l'oxygène renfermé dans l'atmosphère égalait celui de 134,000 de ces cubes. Au bout d'un siècle, l'altération produite dans l'air par la respiration des hommes et des animaux réunis serait parfaitement inappréciable.

Ainsi la soustraction de l'oxygène par le règne animal ne peut vicier l'air que dans des limites telles que des milliers d'années s'écouleraient avant que les êtres organisés pussent en souffrir. Mais l'acide carbonique qui s'en échappe sans cesse ire peut-il pas agir plus rapidement, et ici l'intervention des végétaux, comme moyen de purification, ne devient-elle pas nécessaire ? Pas davantage. Un homme brûlant par heure 12 grammes de carbone produit dans le même temps 44 grammes d'acide carbonique, ce qui donne à peu près un kilog. par jour, et par conséquent 365 kilog. par an. 4,000 millions d'hommes produisent donc en un an 1,460,000 millions de kilogrammes d'acide carbonique, c'est-à-dire 1/1460 de ce que renferme déjà l'air qui nous environne. Ainsi il faudrait environ 1,500 ans pour doubler la proportion actuelle de l'acide carbonique de l'air, alors même que le règne végétal cesserait de fonctionner, et cette quantité ne saurait encore nuire ni aux plantes ni aux animaux.

Bien loin que la quantité d'acide carbonique exhalé par les animaux puisse altérer la salubrité de l'air atmosphérique, elle suffirait à peine à l'entretien des plantes. Mais là n'est pas la seule source d'où s'échappe sans cesse cet aliment du règne végétal. Tout être organisé doit à la nature un compte exact de la matière qui lui fut protée et que la vie anima momentanément. Que cette force inconnue vienne à cesser d'agir, et la matière va retourner à la masse commune. Les principes immédiats disparaissent, les éléments se combinent de nouveau. De l'eau, de l'acide carbonique, de l'ammoniaque, de l'acide azotique, tels sont les principaux résultats de la décomposition des corps. Ces produits sont précisément ceux que nous avons vu être nécessaires à l'entretien des plantes, et ce fait nous explique l'utilité des engrais toujours composés de matières organiques en putréfaction. Enfin les volcans, les orages eux-mêmes, ont leur utilité directe. Des cratères fumants s'élancent dans les airs des torrents d'acide carbonique. Sous les coups redoublés de la foudre, l'azote et l'oxygène de l'air se combinent et forment l'acide azotique, l'azotate d'ammoniaque que les eaux pluviales entraînent dans le sol, comme l'a démontré le premier M. Chevreul, et que les radicules des plantes ne tardent pas à absorber. Admirable enchaînement de causes et d'effets, où les convulsions de la nature nous apparaissent comme des moyens de conservation, où la mort alimente la vie !

Qu'on nous permette ici une digression. Reportons-nous, par la pensée, à ces âges reculés où notre globe se reposait à peine au sortir des immenses cataclysmes amenés par un premier degré de refroidissement. Son écorce solide est formée : l'eau et le feu, comme lassés de leurs luttes gigantesques, semblent faire trêve et vouloir se partager le théâtre de leurs combats. Au milieu d'une mer sans bornes s'élèvent çà et là quelques îles plates aux rivages sinueux. Échauffée par ce feu central qu'elle vient à peine de recouvrir, la terre n'emprunte que peu ou point de chaleur aux pâles rayons du soleil : aussi n'existe-t-il pour elle ni zone torride ni cercle polaire. Partout une atmosphère également brûlante, surchargée de vapeur d'eau et d'acide carbonique, toujours voilée de sombres nuages que la foudre déchire à chaque instant, pèse sur ces plages primitives. Déjà la mer nourrit de nombreuses tribus de poissons, de polypiers de mollusques : nul animal ne saurait encore respirer en nature cet épais mélange de gaz d'où l'oxygène disparaît presque en entier. Mais le règne végétal est à l'œuvre ; c'est lui qui va rendre la terre habitable. Surexcité par cet ensemble de circonstances, sous le pôle comme sous l'équateur, il déploie une incroyable activité. Partout ou le sol a pu surgir au-dessus des eaux, il disparaît sous une végétation luxuriante. Cette antique flore ne ressemble guère à celle qui charme nos yeux ; point de ces plantes à lente croissance, à longue vie, aux organes compliqués : rien que des végétaux vasculaires, à l'organisation très simple, au rapide développement. Des prèles colossales, des fougères hautes comme nos plus grands arbres, quelques palmiers, voilà ce que produisent à cette heure les terres qui depuis sont devenues la France ou les

États-Unis, le Groënland, ou la Nouvelle-Hollande. Ces espèces sont peu nombreuses : comment en serait-il autrement quand toutes les conditions, d'existence sont identiques ? En revanche les individus se multiplient, croissent, meurent, et se remplacent avec une indicible rapidité. Dans ces appareils animés, la vie décompose des masses incalculables d'eau et d'acide carbonique. L'hydrogène, le carbone, sont retenus, et l'atmosphère purifiée gagne sans cesse en oxygène. A mesure que le règne végétal travaille à : rendre possible l'apparition des animaux, ses débris accumulés s'entassent, s'étendent en couches puissantes. Vienne maintenant une révolution nouvelle qui ensevelisse ceps vastes amas de combustible, bientôt métamorphosés en houille par la pression des couches superposées et la chaleur encore intense du globe : l'homme, ce souverain futur d'un monde qui n'existe pas encore, saura bien les retrouver ; il saura bien arracher des entrailles de la terre ces richesses que lui prépara l'enfance du monde, et un jour le génie de la science lira dans ces antiques dépôts l'histoire de ces âges primitifs, celui de l'industrie y. puisera les moyens d'anéantir les distances et de dompter les éléments.

A la période géologique qui vit la formation des houilles, succèdent d'autres époques. Les îles s'agrandissent et deviennent des continents ; la surface du globe se peuple. D'abord apparaissent ces reptiles, monstres aux formes étranges, à la taille gigantesque, qui seuls semblent pouvoir supporter une atmosphère encore bien impure ; mais l'action incessante des végétaux, la précipitation d'immenses couches de roches calcaires, concourent au même but et accélèrent l'assainissement de la masse gazeuse. Les mammifères se montrent, les oiseaux, les insectes se jouent dans un air riche de principes vivifiants. Quelque temps encore ces populations présentent des formes bizarres ou colossales, mais à chaque révolution nouvelle elles se rapprochent de ce qui existe de nos jours ; enfin, l'homme vient prendre possession de ses domaines et couronner l'œuvre de la création.

On nous accusera peut-être d'exagérer l'importance du rôle qu'avec M. Adolphe Brongniart nous croyons avoir été rempli par le règne végétal dans ces premiers âges du monde. Un calcul très simple prouvera qu'il n'en est rien. Un géologue américain vient d'estimer à 300,000 millions de tonnes ou 600,000,000 millions de kilogrammes la quantité de houille que renferme la seule province de Pensylvanie aux États-Unis. Nous resterons sans doute encore au-dessous de la vérité en supposant que le reste du globe possède, en charbons fossiles de toute espèce, mille fois autant, et que le poids total de ce combustible peut être de 600,000,000,000 millions de kilogrammes. Admettons que le carbone n'entre que pour les deux tiers dans la composition de la houille, la quantité de cet élément sera de 400,000,000,000 millions de kilogrammes. Pour passer à l'état d'acide carbonique, le carbone des houillères exigerait 1,000,000,000,000 millions de kilogrammes d'oxygène, et le gaz acide carbonique produit pèserait 1,400,000,000,000 millions de kilogrammes. Dans cette transformation, la moitié environ de l'oxygène existant serait absorbée, et l'acide carbonique produit représenterait le quart du poids de l'atmosphère actuel.

Ainsi, pour se faire une idée de ce qu'a pu être à l'origine des temps la composition de notre atmosphère, il faut lui rendre par la pensée tout ce carbone, tout cet hydrogène que recèlent les houillères des quatre parties du monde, tout ce que retiennent à cette heure le règne végétal, le règne animal tout entiers, et sans doute aussi une bonne partie de l'acide carbonique des formations de carbonate de chaux. « De l'atmosphère primitive il s'est fait trois grandes parts, l'une qui constitue l'air atmosphérique actuel, la seconde qui est représentée par les végétaux, la troisième par les animaux. Entre ces trois masses, des échanges continuels se passent. La matière descend de l'air dans les plantes, pénètre par cette voie dans les animaux, et retourne à l'air à mesure que ceux-ci la mettent à profit. La matière brute de l'air, organisée peu à peu dans les plantes, vient donc fonctionner sans changement dans les animaux et servir d'instrument à la pensée ; puis, vaincue par cet effort et comme brisée, elle retourne matière brute au grand réservoir d'où elle est sortie. » Ces quelques phrases que nous citons textuellement résument la pensée générale d'un ouvrage que tout homme sérieux lira avec plaisir, grâce a la forme dont l'auteur a su revêtir ses idées.

Parmi nos ouvrages scientifiques, la *Statique chimique des êtres organisés* présente une exception digne d'être signalée ; simple, clair et précis dans la partie technique, le style s'élève et s'ennoblit à mesure que les idées deviennent plus larges, que les déductions, en s'enchaînant ; embrassent un plus vaste ensemble de faits. On suit, pour ainsi dire, M. Dumas dans la rédaction de son ouvrage. On le voit, tout entier d'abord à des détails un peu arides, absorbé par les graves préoccupations de la science pure, s'animer peu à peu en sondant ces glorieux mystères ; et, quand son intelligence lui révèle les lois qui rattachent et lient l'un à l'autre les êtres les plus éloignés, quand son esprit embrasse l'ensemble de ces rapports, son âme sait sentir, sa plume sait exprimer tout ce qu'il y a de poésie solennelle dans les harmonies de la création.

Section IV

De tout ce qui précède ; résulte une distinction tranchée entre les végétaux et les animaux. Mais la nature n'aime pas ces brusqués passages : *natura non facit saltus*, a dit Linné ; et ici comme partout la règle générale présente des exceptions. Une surtout était trop remarquable pour ne pas être signalée par M. Dumas. Si, dans l'ordre ordinaire des choses, le végétal est un producteur, il peut changer de rôle et se faire consommateur. Alors, au lieu de fixer du carbone, de l'hydrogène, de l'azote, il exhale de l'acide carbonique et de l'eau, il dégage de la chaleur, et reproduit ainsi les phénomènes de la vie animale. C'est ce qui arrive dans tous les actes relatifs à la propagation. On dirait qu'ennobli par l'importance de cette fonction, il s'élève momentanément dans l'échelle des êtres : pour créer, pour se reproduire, la plante devient animal.

En revanche, il est des animaux qui, sous l'influence de la lumière solaire, décomposent à froid l'acide carbonique, retiennent le carbone et dégagent l'oxygène. Ce fait a été mis hors de doute par les recherches de M. Morren sur certains infusoires ; et comme si dans cette anomalie tout devait être exceptionnel, les animalcules qui lui ont surtout montré ce phénomène sont d'un beau rouge carmin, tandis que dans les plantes cette puissance de réduction n'appartient en général qu'aux parties vertes. Voilà donc des animaux agissant sur le milieu qui les entoure à la manière des plantes. C'est là une des mille preuves d'une vérité trop souvent oubliée. Des végétaux aux animaux la distance est moins considérable qu'on ne le suppose ; des rapports étroits rattachent l'une à l'autre ces deux grandes classes. Sans doute, il ne saurait y avoir d'incertitude pour rapporter à l'un des deux règnes tout être organisé en qui les caractères de l'animalité ou de la végétabilité ont acquis un certain développement ; mais suivez de haut en bas ces deux séries si distinctes à leur sommet, vous les verrez se rapprocher et tendre de plus en plus vers un point de départ commun. Les caractères différentiels, d'abord si tranchés, s'effacent et disparaissent ; les analogies se multiplient, et bientôt la science devient impuissante pour décider la nature de l'être qu'elle étudie. Il est des familles entières qui, réclamées tour à tour par les botanistes ou par les zoologistes, passent pour ainsi dire d'un règne à l'autre dans nos classifications, au gré de chaque nouveau venu. Il en est qui, bien décidément séparées et placées dans des règnes différeras, n'en offrent pas moins des ressemblances extrêmes, qui se distinguent les unes des autres plutôt par un ensemble de caractères secondaires que par une opposition formelle dérivant de leur essence même. Entre certaines algues et certains spongiaires, l'observation ne nous a encore révélé aucune différence fondamentale.

Cette espèce de fusion, qu'établissent entre les deux règnes les animaux et les végétaux inférieurs à structure très simple, nous la retrouverons sans doute un jour dans les espèces les plus élevées au moment de leur formation. Occupés jusqu'à présent à faire l'inventaire de leurs richesses, le botaniste, le zoologiste, n'ont étudié les objets soumis à leur examen que dans un état de développement complet ; l'embryogénie n'existe pas encore. Pourtant, dans le petit nombre de faits que nous possédons, il en est qui nous paraissent prêter une grande probabilité à ces idées. Nous avons signalé plus faut le changement de fonctions que présente le végétal à l'époque de la fécondation ; le même phénomène s'observe lors de la germination des graines, lors de la pousse des bourgeons : ici, le végétal fait un pas vers l'animalité. De ce point de vue, les recherches de M. Payen sur la matière azotée, trame primitive de tous les organes végétaux, nous paraissent d'un très haut intérêt. En revanche, il serait souvent difficile de dire en quoi l'embryon animal, surtout celui des espèces qui n'ont pas de circulation proprement dite, diffère de l'embryon végétal. Ces analogies, nous n'en doutons pas, deviendront de plus en plus frappantes à mesure qu'on avancera dans cette voie si peu explorée. Partout simple et une dans ses lois, la nature doit créer toujours, par des procédés identiques ; aussi la vie, en organisant ces premières ébauches, semble-t-elle ne savoir encore qu'en faire : on dirait qu'elle hésite entre l'animal et le végétal. Mais quelle que soit la forme définitive qui attend le nouvel être, quelque élevé qu'il soit dans la série botanique ou zoologique, nous croyons qu'il doit toujours conserver des traces de cette origine commune. Entre la matière brute et les êtres vivants il y a un abîme ; entre ceux-ci, quelle que soit leur nature, la vie établit des liens, des rapports, que rien ne saurait rompre ou effacer entièrement.

Lavoisier a dit : « Sans la lumière, la nature était sans vie, elle était morte et inanimée. Un dieu bienfaisant, en apportant la lumière, a répandu sur la surface de la terre l'organisation, le sentiment et la pensée. » Ces paroles sont vraies dans leur généralité. Inertes et comme endormis dans l'obscurité, les végétaux semblent s'éveiller au grand jour ; alors seulement se manifestent en eux ces forces chimiques, ces phénomènes de réductions et de combinaisons nouvelles que nous avons signalés. A leur existence se rattache directement ou indirectement celle du règne animal tout entier, et à ce compte le rôle dévolu à la lumière est immense. Remarquons toutefois que l'action immédiate de cet agent est bien moins nécessaire aux animaux qu'aux plantes : sans parler des nombreuses espèces appartenant à toutes les classes du règne animal, qui semblent fuir l'aspect du soleil et ne s'exposent jamais qu'aux pâles rayons des astres nocturnes, il en est qui passent leur vie dans une obscurité plus complète encore ; le sable des mers, nos campagnes, notre corps même, en offrent de fréquents exemples. La plupart de ces espèces lucifuges appartiennent aux échelons inférieurs de la série zoologique ; mais il est des poissons, des reptiles même, qui présentent les mêmes mœurs. Le *pimelode des cyclopes* n'habite que les grands amas d'eau cachés dans les cavernes des Cordillières, et si on le rencontre quelquefois dans les torrents qui s'échappent de ces sombres retraites ; ce n'est que pendant la nuit. Le *protée*, reptile voisin de nos salamandres aquatiques, ne quitte jamais les lacs souterrains que recèlent les montagnes de la Carniole. Tous les animaux peuvent d'ailleurs naître, s'accroître et multiplier dans l'obscurité. Ainsi, à mesure que les organismes se perfectionnent, à mesure que la vie revêt une plus haute expression, elle échappe de plus en plus à l'empire de ces agents physiques qui tiennent la matière brute sous une sujétion absolue.

L'existence dans les végétaux des principes immédiats les plus nécessaires au règne animal, est, sans contredit, une des plus belles découvertes de la science moderne ; mais ces principes n'éprouvent-ils aucun changement en passant d'un règne à l'autre ? N'y a-t-il dans l'accroissement de nos organes qu'une simple juxtaposition de molécules comparable a ce qui se passe dans la cristallisation d'un sel inorganique ? Aucune partie végétale ne jouit de cette contractilité active qui caractérise les muscles de l'animal. La fibrine, qui forme la base de ces muscles, qui leur communique cette faculté source de tous nos mouvements, a-t-elle donc revêtu des propriétés nouvelles ? ou bien est-ce à sa réunion en fibres, à un arrangement de molécules, qu'elle doit la manifestation d'une faculté qu'elle ne possédait jusque-là qu'à l'état latent ? Alors même que cette dernière hypothèse serait pleinement démontrée pour l'exemple que nous citons, ne reste-t-il à l'animal, en tout état de cause, qu'à détruire l'œuvre du végétal ? Evidemment consommateur dans un très grand nombre de cas, ne sera-t-il jamais producteur ? Toutes ces matières élémentaires, qu'on ne rencontre que chez lui, ne sont-elles que des dégénérescences des produits végétaux ramenés par une série de transformations successives vers leur état premier de matière brute ? Bien des recherches nous semblent encore nécessaires avant que ces questions puissent être résolues affirmativement. Quel végétal, par exemple, a organisé cette mystérieuse liqueur dont l'influence inexplicable a le pouvoir d'éveiller la vie dans les germes endormis ?

Dans l'esquisse rapide que nous avons tracée de l'histoire de la chimie, nous avons vu que cette science, fille de la médecine, longtemps cultivée uniquement par des hommes occupés de l'art de guérir, avait reçu de cette origine une empreinte ineffaçable. Les alchimistes recherchaient avec la même ardeur la panacée universelle et la pierre philosophale. Paracelse et ses successeurs sont l'expression la plus complète de cette tendance. Plus tard, lorsque Lavoisier, après avoir renversé les vieilles erreurs, eut fondé largement la science nouvelle, nous le voyons chercher à couronner l'œuvre par des applications physiologiques. Ses disciples le suivirent également dans cette voie. Fourcroy peut être considéré comme un des chefs du *chimisme* moderne ; mais on doit reconnaître qu'il sut éviter les exagérations de ses devanciers, et qu'il mit toujours beaucoup de circonspection dans l'exposé des théories partielles qu'il s'efforça de propager. Girtanner Valli, Jaëger, qui marchèrent dans la même direction ne tardèrent pas à s'écarter de cette sage réserve. Pour eux comme pour Sylvius, la chimie dut donner la clé de tous les problèmes physiologiques, et le premier alla jusqu'à voir dans l'oxygène le principe même de l'irritabilité, la cause et l'agent de la vie. Heureusement ces conceptions tombèrent bientôt dans l'oubli qu'elles méritaient.

Aujourd'hui, forte de ses conquêtes récentes, la chimie revient à la charge. Sera-t-elle plus heureuse que par le passé ? Ramener la digestion à n'être plus qu'une dissolution, faire de la nutrition un phénomène d'absorption, trouver dans la combustion du carbone et de l'hydrogène la cause unique de la chaleur animale, déchirer ainsi tous les voiles qui nous ont caché jusqu'à ce jour le mécanisme de ces fonctions, et ramener les principaux actes de la vie à une simple application des lois ordinaires de la matière, serait un fait immense dans les annales de l'esprit humain, un de ces évènements scientifiques dont il est impossible de prévoir toutes les conséquences. Nous ne croyons pourtant pas que l'on soit encore si près du but. Sans doute, les progrès accomplis depuis un demi-siècle par la physique et la chimie ont quelque chose de merveilleux ; mais ces sciences sont encore loin de pouvoir rendre compte de tous les phénomènes physiologiques : elles ont à dégager bien des inconnues dans leurs propres domaines, avant d'en venir à ces hautes applications. Il serait possible, par exemple, d'indiquer les travaux préliminaires qu'elles devraient entreprendre et mener à fin, avant d'aborder avec quelque certitude le problème de la chaleur animale.

Applaudissons toutefois à ces efforts hardis de la science. Dans les êtres séparés de la matière brute par l'organisation, deux principes sont sans cesse en présence. Au milieu des actes de la vie, les matériaux qu'elle met en jeu ne peuvent échapper à leur nature. Toujours ils se ressentent de leur origine inorganique, et se refuser à reconnaître clans les êtres vivants des actions physiques et chimiques serait vouloir nier l'évidence. Ame et corps, c'est-à-dire intelligence, organisation et matière, l'homme lui-même présente une triple série de phénomènes distincts dans leur essence, mais qui réagissent sans cesse les uns sur les autres et se masquent réciproquement. Faire la part de ces trois causes est une entreprise aussi belle que difficile. Le succès intéresse également le psychologiste et le physicien, le philosophe et le physiologiste. Qu'on ne s'alarme donc pas de cette tendant : e à explorer les êtres vivants comme des corps inorganiques, qu'on n'y voie pas, avec quelques esprits d'ailleurs distingués, une résurrection des tristes théories du matérialisme ; rien de plus propre au contraire à montrer tout ce qu'il y a de vide sous cette désolante doctrine, qui n'aperçoit dans la nature que des forces brutales fonctionnant à l'aveugle sous l'impulsion du hasard.

A ce point de vue, l'*Essai sur la statique chimique des êtres organisés* nous parait une œuvre tout-à-fait hors de ligne, et digne en tout point d'un homme dont l'esprit inventif a toujours su s'ouvrir des voies nouvelles. Jamais la science positive et expérimentale n'avait pénétré aussi avant dans les domaines inconnus de la vie. Les travaux dont cet ouvrage offre le résumé présentent une masse énorme de recherches. Un grand nombre appartiennent en propre à l'auteur, ou ont été entreprises sous son inspiration.[1] Tous ces résultats ont été rapportés à une formule générale entièrement neuve, remarquable par sa clarté, séduisante par la simplification extrême qu'elle apporte dans l'explication des phénomènes vitaux les plus complexes. Les faits fondamentaux sur lesquels repose cette théorie sont hors de doute, les conséquences principales en sont incontestables. Si quelques déductions attendent encore la sanction de l'avenir, si quelques-unes doivent disparaître, ce ne sera pourtant pas en vain que ces vastes questions auront été soulevées, que ces grandes idées auront été jetées dans le monde.

---

1 M. Liebig, ancien élève des laboratoires de Paris, aujourd'hui un des chimistes les plus distingués de l'Europe, a cru pouvoir revendiquer en termes peu mesurés plusieurs de ces résultats : il a forcé M. Dumas à démontrer tout ce qu'il y avait d'insoutenable dans ces prétentions. Dans une de ses leçons publiques, l'auteur de la *Statique chimique*, après avoir rappelé sa formule générale, a repris un à un les éléments qui la composent, et, s'appuyant sur des citations authentiques, il a rendu justice à chacun. M. Liebig doit aujourd'hui regretter amèrement d'avoir soulevé un débat qui compromet à la fois sa position scientifique et sa dignité personnelle, malgré le soin extrême qu'a mis M. Dumas à ne pas s'écarter de cette haute réserve qu'inspire toujours le véritable amour des sciences.

ISBN : 978-1984324245